ATTRACTION

D'UN

ELLIPSOÏDE HOMOGÈNE

SUR

UN POINT EXTÉRIEUR OU SUR UN POINT INTÉRIEUR.

THÈSE DE MÉCANIQUE

PRÉSENTÉE A LA FACULTÉ DES SCIENCES DE PARIS,

le 1841.

Par E. Catalan,

ANCIEN ÉLÈVE DE L'ÉCOLE POLYTECHNIQUE, RÉPÉTITEUR A CETTE ÉCOLE.

PARIS,

IMPRIMERIE DE BACHELIER,

RUE DU JARDINET, 12.

1841.

ACADÉMIE DE PARIS.

FACULTÉ DES SCIENCES.

MM. BIOT, doyen, LACROIX, FRANCOEUR, GEOFFROY SAINT-HILAIRE, MIRBEL, POUILLET, PONCELET, LIBRI, STURM, DUMAS, BEUDANT,	professeurs.
DE BLAINVILLE, CONSTANT PREVOST, AUGUSTE SAINT-HILAIRE, DESPRETZ,	professeurs-adjoints
LEFÉBURE DE FOURCY, DUHAMEL, MASSON, PÉLIGOT, MILNE EDWARDS, DE JUSSIEU,	agrégés.

THÈSE DE MÉCANIQUE.

ATTRACTION

D'UN

ELLIPSOÏDE HOMOGÈNE

SUR

UN POINT EXTÉRIEUR OU SUR UN POINT INTÉRIEUR.

Je m'étais proposé de passer en revue les différentes méthodes au moyen desquelles les géomètres ont résolu le problème de l'attraction des ellipsoïdes : pour ne pas donner à cette *thèse* une longueur inusitée, j'omets la solution analytique relative au cas du point intérieur, et la méthode si élégante due à M. *Dirichlet;* je ne parlerai pas non plus de la fonction que l'on désigne ordinairement par V.

I.

Attraction d'un ellipsoïde homogène sur un point extérieur. — Solution de Poisson.

1. Prenons pour origine le point attiré O, et pour axes coordonnés des parallèles aux axes principaux de l'ellipsoïde. Soit M(x, y, z) un point de la masse attirante; appelons u le rayon vecteur OM, et λ, μ, ν les angles qu'il forme avec les trois axes. Les composantes de l'attraction exercée par l'ellipsoïde sur le point O sont, en négligeant un facteur constant,

$$(1)\quad A = \iiint \frac{x\,dx\,dy\,dz}{u^3},\quad B = \iiint \frac{y\,dx\,dy\,dz}{u^3},\quad C = \iiint \frac{z\,dx\,dy\,dz}{u^3}.$$

Si α, β, γ sont les coordonnées du point O par rapport aux axes a, b, c de l'ellipsoïde, les intégrales triples devront être étendues à toutes les valeurs de x, y, z satisfaisant à la condition

$$\left(\frac{x+\alpha}{a}\right)^2 + \left(\frac{y+\beta}{b}\right)^2 + \left(\frac{z+\gamma}{c}\right)^2 \overline{\overline{<}}\ 1.$$

2. Prenons maintenant pour coordonnées, outre le rayon vecteur u, l'angle θ que forme cette droite avec Ox, et l'inclinaison ψ du plan variable MOx sur le plan fixe xOy. Nous aurons

$$\begin{aligned} x &= u \cos\lambda = u \cos\theta, \\ y &= u \cos\mu = u \sin\theta \cos\psi, \\ z &= u \cos\nu = u \sin\theta \sin\psi, \\ dx\,dy\,dz &= u^2 \sin\theta\, du\, d\theta\, d\psi. \end{aligned}$$

A l'aide de ces valeurs, les formules (1) deviennent

$$(2) \qquad \left\{ \begin{aligned} A &= \textstyle\int\int\int \cos\lambda \sin\theta\, du\, d\theta\, d\psi, \\ B &= \textstyle\int\int\int \cos\mu \sin\theta\, du\, d\theta\, d\psi, \\ C &= \textstyle\int\int\int \cos\nu \sin\theta\, du\, d\theta\, d\psi. \end{aligned} \right.$$

En même temps, l'équation de l'ellipsoïde, rapportée aux variables u, λ, μ, ν, sera

$$(3) \qquad Lu^2 + 2Mu + N = 0,$$

en posant

$$\begin{aligned} L &= \frac{\cos^2\lambda}{a^2} + \frac{\cos^2\mu}{b^2} + \frac{\cos^2\nu}{c^2}, \\ M &= \frac{\alpha\cos\lambda}{a^2} + \frac{\beta\cos\mu}{b^2} + \frac{\gamma\cos\nu}{c^2}, \\ N &= \frac{\alpha^2}{a^2} + \frac{\beta^2}{b^2} + \frac{\gamma^2}{c^2} - 1; \end{aligned}$$

L est une quantité essentiellement positive, et comme le point O est extérieur, N en est pareillement une.

3. Nous devons intégrer : 1° de $u = r$ à $u = r'$, r et r' étant les longueurs des deux rayons vecteurs de même direction menés de l'origine et terminés à la surface ellipsoïdale; 2° de $\theta = 0$ à la valeur de θ déterminée par l'équation $M^2 - LN = 0$; 3° de $\psi = 0$ à $\psi = 2\pi$.

L'intégration relative à u se fait immédiatement; elle donne, par la résolution de l'équation (3), et en posant $R = \sqrt{M^2 - LN}$,

$$(4) \qquad \left\{ \begin{aligned} A &= 2\int\int \frac{R}{L} \cos\lambda \sin\theta \, d\theta \, d\psi, \\ B &= 2\int\int \frac{R}{L} \cos\mu \sin\theta \, d\theta \, d\psi, \\ C &= 2\int\int \frac{R}{L} \cos\nu \sin\theta \, d\theta \, d\psi. \end{aligned} \right.$$

4. Voici comment Poisson est parvenu à faire disparaître le dénominateur L qui ne permettait pas de réduire ces intégrales doubles.

En supposant $a > b > c$, faisons

$$a^2 = k, \quad b^2 = \frac{k}{m}, \quad c^2 = \frac{k}{n};$$

l'équation de l'ellipsoïde sera

$$(x + \alpha)^2 + m(y + \beta)^2 + n(z + \gamma)^2 = k.$$

En même temps, les coefficients de l'équation (3) deviendront

$$L = \frac{1}{k}(\cos^2\lambda + m\cos^2\mu + n\cos^2\nu),$$

$$M = \frac{1}{k}(\alpha\cos\lambda + m\beta\cos\mu + n\gamma\cos\nu),$$

$$N = \frac{1}{k}(\alpha^2 + m\beta^2 + n\gamma^2) - 1.$$

Enfin, en représentant par L', M', N' les coefficients de $\frac{1}{k}$, nous aurons

$$\frac{R}{L} = \frac{\sqrt{M'^2 - L'N' + L'k}}{L'};$$

d'où, en considérant k comme une variable :

$$(5)\qquad \frac{d.\frac{R}{L}}{dk} = \frac{1}{2\sqrt{M'^2 - L'N' + L'k}} = \frac{1}{2R'}.$$

Nommons A′, B′, C′ les dérivées de A, B, C par rapport à k : nous aurons, en remplaçant en même temps $\cos\lambda$, $\cos\mu$, $\cos\nu$ par leurs valeurs écrites plus haut,

$$(6)\qquad \left\{ \begin{aligned} A' &= \int\int \frac{\cos\theta \sin\theta \, d\theta \, d\psi}{R'}, \\ B' &= \int\int \frac{\sin^2\theta \cos\psi \, d\theta \, d\psi}{R'}, \\ C' &= \int\int \frac{\sin^2\theta \sin\psi \, d\theta \, d\psi}{R'}. \end{aligned} \right.$$

Dans ces formules on a, en représentant par h la quantité *positive* $\alpha^2 + m\beta^2 + n\gamma^2 - k$,

$$(7)\quad R'^2 = (\alpha\cos\lambda + m\beta\cos\mu + n\gamma\cos\nu)^2 - h(\cos^2\lambda + m\cos^2\mu + n\cos^2\nu).$$

5. Après que l'équation de l'ellipsoïde a été mise sous la forme

$$(x+\alpha)^2 + m(y+\beta)^2 + n(z+\gamma)^2 = k,$$

si nous augmentons le second membre d'une quantité infiniment petite dk, nous obtiendrons l'équation d'une surface semblable à la première, et infiniment rapprochée de celle-ci. Il est visible, d'après cette observation, que les produits $A'dk$, $B'dk$, $C'dk$ représenteront les composantes de l'attraction exercée sur le point donné, par une couche ellipsoïdale infiniment mince, comprise entre deux surfaces semblables et semblablement placées. Donc, pour obtenir l'attraction totale, il suffira d'intégrer $A'dk$, $B'dk$, $C'dk$, de $k = 0$ à $k = a^2$.

6. Considérons le cône qui a son sommet à l'origine, et qui est tangent à la surface interne de la couche; et prenons pour axes des coordonnées, les axes principaux de ce cône : l'un d'eux, qui lui est intérieur, doit coïncider, ainsi que l'a fait voir M. *Chasles*, avec la normale à la surface ellipsoïdale passant par son sommet, et dont les sections principales sont décrites des mêmes foyers que celles de l'ellipsoïde auquel ce cône est tangent.

La surface interne de la couche étant représentée par l'équation ci-dessus, l'équation de la surface ellipsoïdale homofocale sera, comme il est aisé de le voir,

$$(8) \qquad \frac{(x+\alpha)^2}{1+t} + \frac{m(y+\beta)^2}{1+mt} + \frac{n(z+\gamma)^2}{1+nt} = k;$$

et comme cette surface doit passer par l'origine, la quantité *positive* t sera donnée par

$$(9) \qquad \frac{\alpha^2}{1+t} + \frac{m\beta^2}{1+mt} + \frac{n\gamma^2}{1+mt} = k.$$

On sait que cette équation a ses racines réelles; d'ailleurs il ne peut passer, par le point attiré, qu'un seul ellipsoïde homofocal avec la surface interne de la couche; donc, parmi ces trois racines, une seule est positive : les deux autres correspondent aux deux hyperboloïdes passant par le point.

Représentons par e, f, g les angles que fait, avec les axes Ox, Oy, Oz, l'axe principal du cône; l'équation (8) nous donnera, en vertu de la remarque précédente,

$$(10) \qquad \cos e = -\frac{1}{\Delta}\frac{\alpha}{1+t}, \quad \cos f = -\frac{1}{\Delta}\frac{m\beta}{1+mt}, \quad \cos g = -\frac{1}{\Delta}\frac{n\gamma}{1+nt};$$

en posant

$$\Delta^2 = \left(\frac{\alpha}{1+t}\right)^2 + \left(\frac{m\beta}{1+m\beta}\right)^2 + \left(\frac{n\gamma}{1+n\gamma}\right)^2,$$

et prenant Δ positivement.

Si, dans ces formules, on remplace t par les deux racines négatives de l'équation (9), on obtiendra les cosinus des angles que forment avec les anciens axes, les normales aux deux hyperboloïdes homofocaux, ou les deux autres axes principaux du cône.

7. Après que nous aurons choisi ces nouveaux axes, dont les directions sont données par les formules ci-dessus, les équations (6) conserveront la même forme; seulement les angles θ et ψ seront comptés à partir de l'axe intérieur du cône, et la valeur de R′ sera considérablement réduite. En même temps, $A'dk$, $B'dk$ et $C'dk$ représenteront les composantes de l'attraction de la couche, parallèlement aux nouveaux axes.

8. Pour tous les points situés sur la courbe de contact du cône avec la surface interne de la couche, les deux rayons vecteurs r et r' sont égaux; donc $R' = 0$, ou

$$(11)\quad (\alpha\cos\lambda + m\beta\cos\mu + n\gamma\cos\nu)^2 - h(\cos^2\lambda + m\cos^2\mu + n\cos^2\nu) = 0,$$

représentera le cône, rapporté aux coordonnées angulaires λ, μ, ν.

Si nous rapportons cette surface à ses axes principaux, son équation prendra la forme

$$(12)\quad G\cos^2\lambda' + G'\cos^2\mu' + G''\cos^2\nu = 0'.$$

Or, les formules de transformation sont

$$\begin{aligned} \cos\lambda &= \cos\lambda'\cos e + \cos\mu'\cos e' + \cos\mu''\cos e'', \\ \cos\mu &= \cos\lambda'\cos f + \cos\mu'\cos f' + \cos\mu''\cos f'', \\ \cos\nu &= \cos\lambda'\cos g + \cos\mu'\cos g' + \cos\mu''\cos g''; \end{aligned}$$

donc, en particulier,

$$G = (\alpha\cos e + m\beta\cos f + n\gamma\cos g)^2 - h(\cos^2 e + m\cos^2 f + n\cos^2 g).$$

Substituons pour $\cos e$, $\cos f$, $\cos g$, leurs valeurs écrites plus haut; nous aurons d'abord

$$G = \frac{1}{\Delta^2}\left\{\left(\frac{\alpha^2}{1+t} + \frac{m^2\beta^2}{1+mt} + \frac{n^2\gamma^2}{1+nt}\right)^2 - h\left[\frac{\alpha^2}{(1+t)^2} + \frac{m^3\beta^2}{(1+mt)^2} + \frac{n^3\gamma^2}{(1+nt)^2}\right]\right\}.$$

Si, dans l'équation (9), nous remplaçons k par $\alpha^2 + m\beta^2 + n\gamma^2 - h$, nous trouverons que $\frac{\alpha^2}{1+t}+\frac{m^2\beta^2}{1+mt}+\frac{n^2\gamma^2}{1+nt}=\frac{h}{t}$; d'où

$$G=\frac{h}{t\Delta^2}\left\{\frac{h}{t}-t\left[\frac{\alpha^2}{(1+t)^2}+\frac{m^3\beta^2}{(1+mt)^2}+\frac{n^3\gamma^2}{(1+nt)^2}\right]\right\}.$$

Enfin, remplaçons dans la parenthèse, $\frac{h}{t}$ par sa valeur précédente, nous trouverons

(13) $$G=\frac{h}{t}.$$

Un calcul semblable déterminerait G′ et G″ : si donc nous posons généralement $\frac{h}{t}=s$, les trois quantités G, G′, G″ seront racines de l'équation

(14) $$\frac{\alpha^2}{s+h}+\frac{m^2\beta^2}{s+mh}+\frac{n^2\gamma^2}{s+nh}=1,$$

ce qui est conforme au théorème de *Petit*.

Désignons par δ, $-\varepsilon$, $-\eta$, les trois racines de cette équation; nous aurons, pour l'équation du cône rapporté à ses axes principaux,

(15) $$\delta x^2-\varepsilon y^2-\eta z^2=0.$$

9. A cause de la relation qui existe entre la valeur générale de R′ et l'équation générale du cône, on conclut qu'après le changement d'axes, on doit prendre, dans les formules (6),

(16) $$R'^2=\delta\cos^2\theta-(\varepsilon\cos^2\psi+\eta\sin^2\psi)\sin^2\theta,$$

les angles θ et ψ étant comptés à partir de l'axe principal intérieur du cône.

10. Enfin, dans le calcul des valeurs simplifiées de A′, B′, C′, les limites de l'intégrale relative à ψ seront 0 et 2π; et celles de l'intégrale relative à θ seront 0 et θ_1, ce dernier angle étant déterminé par l'équation

$$(17) \qquad \tang^2 \theta_1 = \frac{\delta}{\varepsilon \cos^2\psi + \eta \sin^2\psi},$$

laquelle se déduit de la précédente, en prenant $R' = 0$.

11. Il est facile de voir que les intégrales B' et C' sont nulles; d'où il suit que l'attraction exercée par la couche ellipsoïdale sur un point extérieur, est dirigée suivant l'axe du cône tangent à la surface interne de la couche, et ayant pour sommet ce point. Ce théorème remarquable, dû à *Poisson*, a été démontré depuis par plusieurs géomètres. Nous donnerons plus loin la démonstration très simple de M. *Steiner*.

Si donc nous désignons par Kdk l'attraction totale de la couche, nous aurons, en changeant A' en K dans la première des formules (6),

$$(18) \qquad K = \int_0^{2\pi}\int_0^{\theta_1} \frac{\cos\theta \sin\theta \, d\psi \, d\theta}{\sqrt{\delta\cos^2\theta - (\varepsilon\cos^2\psi + \eta\sin^2\psi)\sin^2\theta}}.$$

En intégrant par rapport à θ,

$$\int \frac{\cos\theta \sin\theta d\theta}{\sqrt{\delta\cos^2\theta - (\varepsilon\cos^2\psi + \eta\sin^2\psi)\sin^2\theta}} = -\frac{\sqrt{\delta\cos^2\theta - (\varepsilon\cos^2\psi + \eta\sin^2\psi)\sin^2\theta}}{\delta + \varepsilon\cos^2\psi + \eta\sin^2\psi} + \text{const.};$$

donc l'intégrale définie, prise entre les limites o et θ_1, aura pour valeur $\frac{\sqrt{\delta}}{\delta + \varepsilon\cos^2\psi + \eta\sin^2\psi}$. La valeur (18) devient donc

$$(19) \qquad K = \sqrt{\delta}\int_0^{2\pi} \frac{d\psi}{\delta + \varepsilon\cos^2\psi + \eta\sin^2\psi}.$$

En posant $\tang\psi = u$, l'intégration se fait facilement, et l'on arrive à cette expression très simple :

$$(20) \qquad K = 2\pi\sqrt{\frac{\delta}{(\delta+\varepsilon)(\delta+\eta)}}.$$

Ainsi l'attraction exercée par la couche ellipsoïdale s'exprime d'une manière élégante, et sans signe d'intégration, à l'aide des trois racines de l'équation (14).

12. On peut transformer la formule (20) en une autre qui contienne seulement la racine positive δ. Observons, pour cela, que l'équation (14) peut se mettre sous la forme

$$s^3 + [(1+m+n)h - (\alpha^2 + m^2\beta^2 + n^2\gamma^2)]\, s^2 + h\,[mn(\alpha^2 + \beta^2 + \gamma^2) - (mn + m + n)k]\, s - mnh^2k = 0.$$

Les trois racines de cette équation, δ, $-\varepsilon$, $-\eta$, satisfont aux deux relations

$$\delta - \varepsilon - \eta = (\alpha^2 + m^2\beta^2 + n^2\gamma^2) - (1 + m + n)h,$$
$$\delta\varepsilon\eta = mnh^2k.$$

Cela étant, si l'on multiplie par δ les deux termes de la fraction $\frac{\delta}{(\delta+\varepsilon)(\delta+\eta)}$, et que l'on développe le dénominateur, on obtiendra, en ayant égard à l'équation ci-dessus,

$$K = 2\pi\frac{\delta}{D},$$

en posant

$$D^2 = [(\alpha^2 + m^2\beta^2 + n^2\gamma^2) - (1 + m + n)h]\,\delta^2 - 2h\,[mn(\alpha^2 + \beta^2 + \gamma^2) - (mn + m + n)k]\,\delta + 3mnh^2k.$$

Je remplace h par $\alpha^2 + m\beta^2 + n\gamma^2 - k$, et δ par $\frac{h}{t}$, t étant la racine positive de l'équation (9) :

$$D^2 = \frac{h^2}{t^2}\left\{[(1+m+n)k - (m+n)\alpha^2 - m(1+n)\beta^2 - n(1+m)\gamma^2] - 2[mn(\alpha^2+\beta^2+\gamma^2) - (mn+m+n)k]\,t + 3mnkt^2\right\}$$
$$= \frac{h^2}{t^2}\left\{k[1+m+n) + 2(mn+m+n)t + 3mnt^2] - [(m+n)\alpha^2 + m(1+n)\beta^2 + n(1+m)\gamma^2 + 2mn(\alpha^2+\beta^2+\gamma^2)t]\right\}.$$

Enfin je mets pour k sa valeur (9), et je trouve, en ayant égard à la valeur de Δ,

$$D = \Delta\delta\sqrt{(1+t)(1+mt)(1+nt)};$$

d'où

$$(21) \qquad K = 2\pi \frac{1}{\Delta\sqrt{(1+t)(1+mt)(1+nt)}} \text{ [*]}.$$

13. Si nous multiplions actuellement K par $\cos e$, $\cos f$, $\cos g$, nous obtiendrons, sans signe d'intégration, les valeurs de A′, B′, C′; donc, à cause des formules (10),

$$A' = -\frac{\alpha}{1+t}\frac{2\pi}{\Delta^2\sqrt{(1+t)(1+mt)(1+nt)}},$$

$$B' = -\frac{m\beta}{1+mt}\frac{2\pi}{\Delta^2\sqrt{(1+t)(1+mt)(1+nt)}},$$

$$C' = -\frac{n\gamma}{1+nt}\frac{2\pi}{\Delta^2\sqrt{(1+t)(1+mt)(1+nt)}}.$$

D'un autre côté, l'équation (9) donne

$$dk = -\Delta^2 dt;$$

donc, en posant

$$T^2 = (1+t)(1+mt)(1+nt),$$

$$(22) \qquad A'dk = \frac{\alpha}{1+t}\frac{2\pi}{T}, \quad B'dk = \frac{m\beta}{1+mt}\frac{2\pi}{T}, \quad C'dk = \frac{n\gamma}{1+nt}\frac{2\pi}{T}.$$

Telles sont les expressions définitives des composantes de l'attraction exercée sur le point matériel extérieur, par la couche ellipsoïdale. On voit que ces composantes sont exprimées, sans signe d'intégration, au moyen de la racine positive de l'équation (9).

14. Intégrons présentement les valeurs précédentes, nous aurons, en observant que $k = 0$ donne $t = \infty$, et en désignant par t_1 la va-

---

[*] L'analyse précédente est extraite, en grande partie, d'un récent Mémoire de M. *Plana*; je ferai observer seulement que ce Mémoire contient quelques fautes de calcul.

leur de t qui répond à $k = a^2$,

$$(23)\quad \begin{cases} A = -2\pi\alpha \int_{t_1}^{\infty} \frac{dt}{(1+t)T}, \\ B = -2\pi\beta \int_{t_1}^{\infty} \frac{m\,dt}{(1+mt)T}, \\ C = -2\pi\gamma \int_{t_1}^{\infty} \frac{n\,dt}{(1+nt)T}. \end{cases}$$

Afin de mettre ces valeurs sous une forme qui permette plus aisément la réduction aux fonctions elliptiques, je pose respectivement, dans la première, dans la seconde et dans la troisième,

$$1+t = \frac{1+t_1}{x^2}, \quad 1+mt = \frac{1+mt_1}{x^2}, \quad 1+nt = \frac{1+nt_1}{x^2};$$

ce qui me donne, par un calcul facile,

$$A = -\frac{4\pi\alpha}{\sqrt{1+t_1}} \int_0^1 \frac{x^2dx}{\sqrt{[m(1+t_1)-(m-1)x^2][n(1+t_1)-(n-1)x^2]}},$$
$$B = -\frac{4\pi m\beta}{\sqrt{1+mt_1}} \int_0^1 \frac{x^2dx}{\sqrt{[(1+mt_1)+(m-1)x^2][n(1+mt_1)+(n-m)x^2]}},$$
$$C = -\frac{4\pi n\beta}{\sqrt{1+nt_1}} \int_0^1 \frac{x^2dx}{\sqrt{[(1+nt_1)+(n-1)x^2][m(1+nt_1)+(n-m)x^2]}}.$$

Je remplace m et n par $\frac{a^2}{b^2}$ et $\frac{a^2}{c^2}$, et je fais $t_1 = \frac{\omega}{a^2}$:

$$(24)\quad \begin{cases} A = -\frac{4\pi\alpha\, abc}{\sqrt{a^2+\omega}} \int_0^1 \frac{x^2dx}{\sqrt{[(a^2+\omega)-(a^2-b^2)x^2][(a^2+\omega)-(a^2-c^2)x^2]}}, \\ B = -\frac{4\pi\beta\, abc}{\sqrt{b^2+\omega}} \int_0^1 \frac{x^2dx}{\sqrt{[(b^2+\omega)+(a^2-b^2)x^2][(b^2+\omega)-(b^2-c^2)x^2]}}, \\ C = -\frac{4\pi\gamma\, abc}{\sqrt{c^2+\omega}} \int_0^1 \frac{x^2dx}{\sqrt{[(c^2+\omega)+(b^2-c^2)x^2][(c^2+\omega)+(a^2-c^2)x^2]}}. \end{cases}$$

Ces formules ont une analogie complète avec celles qui se rapportent au cas de l'attraction d'un ellipsoïde sur un point qui fait partie de sa masse : seulement, dans ce dernier cas, $\omega = 0$.

En remplaçant, dans l'équation (9), t et k respectivement par $\frac{\omega}{a^2}$ et a^2, on trouve que ω est la racine positive de l'équation

$$\frac{\alpha^2}{a^2+\omega}+\frac{\beta^2}{b^2+\omega}+\frac{\gamma^2}{c^2+\omega}=1. \tag{25}$$

Ainsi, a, b, c étant les demi-axes de l'ellipsoïde donné, $\sqrt{a^2+\omega}$, $\sqrt{b^2+\omega}$, $\sqrt{c^2+\omega}$ sont ceux de l'ellipsoïde homofocal, passant par le point attiré.

15. A cause de l'analogie qui existe entre les formules (24) et les formules relatives au cas du point intérieur, *Poisson* fait observer que l'on doit avoir, sans nouveaux calculs, et en posant

$$e=\sqrt{\frac{a^2-b^2}{a^2-c^2}},\qquad \theta=\text{arc sin}\sqrt{\frac{a^2-c^2}{a^2+\omega}},$$

$$(26)\left\{\begin{aligned}
\frac{A}{\alpha}&=-\frac{4\pi abc}{(a^2-b^2)\sqrt{a^2-c^2}}\left[F(e,\theta)-E(e,\theta)\right],\\
\frac{B}{\beta}&=-\frac{4\pi abc}{a^2-b^2}\left[\frac{\sqrt{a^2-c^2}}{b^2-c^2}E(e,\theta)-\frac{1}{\sqrt{a^2-c^2}}F(e,\theta)-\frac{(a^2-b^2)\sqrt{c^2+\omega}}{(b^2-c^2)\sqrt{(a^2+\omega)(b^2+\omega)}}\right],\\
\frac{C}{\gamma}&=-\frac{4\pi abc}{b^2-c^2}\left[\frac{\sqrt{b^2+\omega}}{\sqrt{(a^2+\omega)(c^2+\omega)}}-\frac{1}{\sqrt{a^2-c^2}}E(e,\theta)\right].
\end{aligned}\right.$$

Ces valeurs donnent

$$\frac{A}{\alpha}+\frac{B}{\beta}+\frac{C}{\gamma}=-\frac{4\pi}{\sqrt{(a^2+\omega)(b^2+\omega)(c^2+\omega)}},$$

ainsi qu'on peut le trouver par la considération de la fonction V.

16. Pour abréger, j'omets diverses autres conséquences que l'on peut déduire de l'analyse précédente : j'en indiquerai cependant encore deux.

1°. Si nous multiplions par dk les deux membres de l'équation (21), nous obtiendrons, pour valeur de l'attraction exercée par la couche,

$$K\,dk=2\pi\frac{dk}{\Delta\sqrt{(1+t)(1+mt)(1+nt)}}.$$

Soient a_1, b_1, c_1 les demi-axes de l'ellipsoïde homofocal avec l'ellipsoïde donné, et passant par le point donné; nous aurons encore

$$\sqrt{1+t} = \frac{a_1}{a}, \quad \sqrt{1+mt} = \frac{b_1}{b}, \quad \sqrt{1+nt} = \frac{c_1}{c}.$$

Donc, en substituant dans la formule précédente, et mettant $2ada$ au lieu de dk,

$$\mathrm{K}dk = 4\pi \frac{1}{\Delta} \frac{a^2bc}{a_1b_1c_1} da.$$

Nommons P la projection, sur l'axe principal du cône, de la droite qui joint son sommet au centre de l'ellipsoïde, nous aurons

$$\mathrm{P} = \alpha \cos e + \beta \cos f + \gamma \cos g;$$

ou, en valeur absolue,

$$\mathrm{P} = \frac{1}{\Delta}\left(\frac{\alpha^2}{1+t} + \frac{m\beta^2}{1+mt} + \frac{n\gamma^2}{1+nt}\right) = \frac{k}{\Delta},$$

en vertu de l'équation (9). L'attraction de la couche est donc définitivement

$$\mathrm{K}dk = 4\pi \frac{bcda}{a_1b_1c_1} \mathrm{P}. \tag{27}$$

C'est la conséquence remarquable à laquelle est parvenu M. Chasles par une voie bien différente.

2°. Considérons maintenant l'attraction exercée sur le même point extérieur, par une seconde couche infiniment mince, terminée par deux surfaces semblables entre elles, et respectivement homofocales avec les surfaces qui comprennent la première couche. D'abord cette attraction aura évidemment une même direction que l'attraction de l'autre couche. En second lieu, son intensité sera, d'après la formule qui précède,

$$\mathrm{K}'dk' = 4\pi \frac{b'c'da'}{a_1b_1c_1} \mathrm{P},$$

a', b', c' étant les demi-axes de la surface interne.

La première couche étant comprise entre deux surfaces semblables, son volume est exprimé, ainsi qu'on le reconnaît facilement, par $\frac{3}{4}\pi bcda$.

Il résulte de là que si dv et dv' représentent les volumes des deux couches,

$$\frac{\mathrm{K}dk}{\mathrm{K}'dk'} = \frac{dv}{dv'}: \tag{28}$$

ainsi les deux attractions sont proportionnelles aux volumes des couches qui les produisent. Cette propriété démontre très facilement le théorème de *Maclaurin*.

II.

Solution plus élémentaire du problème de l'attraction d'un ellipsoïde sur un point extérieur ou sur un point intérieur.

17. Cette solution sera tirée, à quelques modifications près, de celles que M. *Chasles* a exposées dans trois beaux Mémoires [*]; mais nous commencerons par démontrer le théorème suivant :

Une couche ellipsoïdale infiniment mince, comprise entre deux surfaces concentriques et semblables, n'exerce aucune attraction sur un point placé dans l'intérieur de la surface interne.

Imaginons un petit cône ayant son centre au point donné, et dont l'une des nappes détache sur la surface interne de la couche un élément ω. Soit ensuite une sphère, concentrique avec le cône, et ayant pour rayon la distance de son centre au point de ω qui se trouve, pour fixer les idées, le plus rapproché de ce centre. Considérons le plan tangent à la sphère en ce point, ainsi que le plan tangent à la surface ellipsoïdale; et soit θ l'angle de ces deux plans. Si ε représente la portion de surface sphérique, ayant pour rayon l'unité, interceptée par le cône, on aura $\omega = \frac{\alpha^2\varepsilon}{\cos\theta}$, α étant le rayon de la première sphère.

---

[*] *Journal de l'École Polytechnique*, xxve cahier; *Comptes rendus*, 25 juin 1838.

D'un autre côté, si h est l'épaisseur de la couche, estimée suivant une normale à la surface interne, on a $h = \cos\theta d\alpha$. L'attraction exercée sur le sommet du cône, par le volume qui a pour base ω, est donc proportionnelle à $\frac{\omega \cos\theta d\alpha}{\alpha^2}$, ou proportionnelle à $\varepsilon d\alpha$.

De la même manière, si nous désignons par β l'autre portion de rayon vecteur, correspondant à la seconde nappe du petit cône, nous trouverons que l'attraction exercée par le second élément de couche, est exprimée par $\varepsilon d\beta$. Or, lorsque deux ellipses sont semblables et concentriques, les deux segments déterminés par une transversale quelconque, et compris dans l'espace annulaire, sont égaux; donc

$$d\alpha = d\beta; \text{ donc etc. [*].}$$

Il résulte de ce théorème, que si un point matériel est placé dans un ellipsoïde homogène, et si l'on conçoit une surface ellipsoïdale, semblable et concentrique à la première, et passant par le point attiré, l'action produite sera due seulement à la portion d'ellipsoïde terminée par cette seconde surface.

Par cette considération, le problème de l'attraction sur un point intérieur se trouve ramené à celui de l'attraction exercée par un ellipsoïde sur un point situé à sa surface; et ce dernier problème lui-même est un *cas limite* de l'attraction sur un point extérieur.

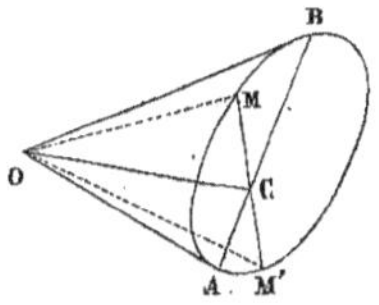

18. Soit actuellement une couche infiniment mince, comprise entre deux surfaces ellipsoïdales semblables et concentriques. Pre-

[*] Maclaurin a démontré ce théorème par des considérations géométriques : je suppose qu'elles ne doivent pas différer beaucoup de celles qui précèdent.

nons, sur la surface interne, un élément ω ; puis, par un point M de cet élément, et par l'axe OC du cône circonscrit à la surface interne, faisons passer un plan, lequel déterminera une section elliptique AM'BM. Soit AB l'intersection de ce plan avec le plan de la courbe de contact du cône et de l'ellipsoïde : AB sera la corde de contact.

Si nous menons le rayon vecteur quelconque MCM', et les deux droites OM, OM', il résultera, d'un lemme que M. *Steiner* commence par établir, que OC, bissectrice de l'angle AOB, est aussi celle de MOM'; donc

$$\frac{OM}{OM'} = \frac{CM}{CM'}.$$

Si dm et dm' sont les éléments de masse en M et en M', leurs attractions sur le point O sont proportionnelles à $\frac{dm}{\overline{OM}^2}$ et $\frac{dm'}{\overline{OM'}^2}$; donc elles sont entre elles comme $\frac{dm}{\overline{CM}^2}$ et $\frac{dm'}{\overline{CM'}^2}$.

Par le premier théorème, les éléments dm et dm' attirent également le point C; donc ils attirent également le point O. Il s'ensuit que la résultante de ces deux attractions élémentaires est dirigée suivant l'axe du cône circonscrit, etc. Telle est la démonstration que nous avions annoncée au n° **11**.

19. Nous connaissons la *direction* de l'attraction exercée par une couche ellipsoïdale sur un point extérieur; pour calculer *l'intensité* de cette force, énonçons d'abord le théorème relatif aux *points correspondants :*

Quand deux ellipsoïdes ont leurs sections principales homofocales; si l'on prend, sur le premier, deux points quelconques s et m, et sur le second, les deux points correspondants s', m'; les deux droites sm', $s'm$ sont égales.

Ce théorème, dû à M. Chasles, se démontre très aisément.

20. Soit une couche infiniment mince C, comprise entre deux surfaces ellipsoïdales semblables, semblablement placées et concentriques; soit C' une seconde couche formée de la même manière, et telle, par rapport à la première, que leurs surfaces internes A et A′ soient homofocales.

Prenons sur A deux points s et m, et désignons par dv l'élément de masse en m; prenons de même sur A′ deux points s' et m', *correspondants* avec leurs homologues, et désignons par dv' l'élément de masse en m'.

Si a, b, c sont les demi-axes de A, et a', b', c' ceux de A′, on aura

$$\frac{dv}{dv'} = \frac{abc}{a'b'c'};$$

et comme $sm' = s'm$, on aura aussi

$$\frac{dv}{s'm} : \frac{dv'}{sm'} :: abc : a'b'c'.$$

Laissons les deux points s, s' fixes, et faisons mouvoir les deux points correspondants m, m' : en étendant la proportion précédente à toutes les molécules des deux couches, nous aurons

$$\frac{V}{V'} = \frac{abc}{a'b'c'}.$$

Dans cette équation, V représente la somme des éléments de la couche C, divisés par leurs distances au point s' de la couche C′; V′ est de même la somme des éléments de C′, divisés par leurs distances au point s.

Or si la couche C est au dedans de la couche C′, le point s sera intérieur par rapport à cette dernière couche, et le point s' sera extérieur relativement à la première : le point s sera donc en équilibre sous l'action de C′.

D'un autre côté, on sait que les dérivées de V′, par rapport aux coordonnées de s, expriment, au signe près, les composantes de l'attraction exercée sur ce point par la couche C′; et puisque ces composantes sont nulles, la fonction V′ doit être indépendante de la position du point s. Donc, quelle que soit la position du point s'

sur A′, on aura

$$V = \lambda . abc,$$

λ étant une constante.

De cette équation, l'on déduit le théorème suivant :

Quand deux couches ellipsoïdales infiniment minces, comprises chacune entre deux surfaces semblables, semblablement placées et concentriques, ont leurs surfaces internes homofocales; les attractions exercées par ces deux couches, sur un même point extérieur, sont entre elles comme les volumes des deux couches.

Nous avions déjà démontré que ces deux attractions ont même direction; nous venons de trouver leur *rapport*; il reste donc à chercher la grandeur de l'une d'elles. Il nous suffira, comme nous l'avons déjà dit, de considérer le *cas limite*.

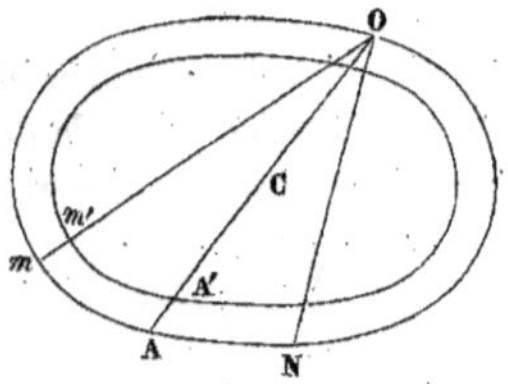

21. Soit donc présentement O le point attiré, situé très près de la surface externe de la couche. Si nous prenons, comme ci-dessus, un petit cône ayant pour sommet le point O, et détachant un élément ω de cette surface, nous verrons, comme précédemment, que si m est un point de cet élément, l'attraction de la molécule située en m' est proportionnelle à $mm'.\varepsilon$.

Dans cette expression, mm' est la partie du rayon vecteur comprise entre les deux surfaces, et ε représente l'aire interceptée sur la sphère de rayon 1, par le petit cône.

Si ON est la normale à la surface externe, de façon que la figure représente la section faite dans la couche par le plan mON, ON représentera la direction de l'attraction complète de la couche.

Soit ensuite θ l'angle mON : la composante de l'attraction élémentaire sera $mm'.\varepsilon.\cos\theta$.

Il ne s'agit plus, pour obtenir la résultante de toutes les attractions élémentaires, que d'intégrer cette expression.

Or on démontre, par un calcul très simple, que la projection de mm' sur ON est, en négligeant les quantités du second ordre, indépendante de θ.

Si donc par le point O je mène le diamètre OA, j'aurai

$$mm' \cos\theta = \textit{constante} = AA' \cos AON.$$

Ainsi, la composante normale de l'attraction devient $AA'.\varepsilon.\cos AON$.

Nommons a_1 le demi-axe principal de la surface externe; nous aurons, puisque les deux surfaces sont semblables et concentriques,

$$\frac{AA'}{OC} = \frac{da_1}{a_1}.$$

L'expression ci-dessus se transforme en $\frac{da_1}{a_1} OC.\varepsilon.\cos AON$.

Mais OC cos AON est ce que nous avons nommé P dans l'équation (26) : la valeur se simplifie encore, et devient

$$\frac{da_1}{a_1} P\varepsilon.$$

En intégrant ε, ce qui donne 2π, et en doublant le résultat, parce qu'à chaque rayon vecteur correspondent deux éléments, nous trouverons définitivement, pour l'intensité de l'attraction exercée par la couche sur le point O situé à sa surface externe :

$$4\pi \frac{da_1}{a_1} P.$$

Revenant enfin à l'attraction d'une couche quelconque, sur un point extérieur, nous trouvons qu'elle est égale à l'expression précédente, multipliée par le rapport $\frac{abc}{a_1b_1c_1}$ des deux volumes; c'est-à-dire

$$4\pi \frac{abc}{a_1b_1c_1} \frac{da_1}{a_1} P,$$

ou

$$4\pi \frac{bc}{a_1 b_1 c_1} da \, P.$$

22. Maintenant que nous sommes arrivés à la formule (26) du premier paragraphe, il nous faudrait, si nous voulions continuer, reprendre dans un autre ordre les calculs qui ont donné cette formule.

Vu et approuvé,
LE DOYEN DE LA FACULTÉ,
J.-B. BIOT.

Permis d'imprimer,
L'INSPECTEUR GÉNÉRAL DES ÉTUDES,
chargé de l'administration de l'Académie de Paris,
ROUSSELLES.

THÈSE D'ASTRONOMIE.

PROGRAMME.

SUR LE

MOUVEMENT DES ÉTOILES DOUBLES.

1 à **4**. Si deux masses s'attirent suivant la loi ordinaire de la pesanteur, et qu'elles ne soient soumises à aucune force étrangère :

1°. Leur centre de gravité se meut en ligne droite, avec une vitesse constante;

2°. Les vitesses des deux masses, relativement à ce centre, sont à chaque instant parallèles, de sens contraires, et inversement proportionnelles aux masses;

3°. Le plan des mouvements relatifs est invariable en direction;

4°. Le mouvement de chaque masse, autour du centre de gravité, est celui qui aurait lieu si ce centre était fixe, et qu'il attirât la masse suivant la loi ordinaire de la nature;

5°. Les orbites décrites autour du centre de gravité sont des ellipses semblables, ayant même foyer, et dont les grands axes sont en ligne droite;

6°. L'orbite décrite par une des masses autour de l'autre, considérée comme étant fixe, est une ellipse semblable aux deux premières.

Les lois précédentes peuvent s'appliquer, sans erreur sensible, à un système composé de deux étoiles.

5. Formules du mouvement elliptique.

Quatre observations sont nécessaires pour que l'on puisse déterminer les sept éléments de l'orbite que décrit l'une des deux étoiles autour de l'autre regardée comme fixe.

6 à **12**. Détermination des éléments de l'orbite apparente, projection de l'orbite réelle sur un plan perpendiculaire à la droite menée de l'observateur à l'étoile fixe.

13 à **17**. Détermination des éléments de l'orbite réelle.

Vu et approuvé,
LE DOYEN DE LA FACULTÉ,
J.-B. BIOT.

Permis d'imprimer,
L'INSPECTEUR GÉNÉRAL DES ÉTUDES,
chargé de l'administration de l'Académie de Paris,
ROUSSELLES.